BEI GRIN MACHT SICH IHR WISSEN BEZAHLT

- Wir veröffentlichen Ihre Hausarbeit, Bachelor- und Masterarbeit

- Ihr eigenes eBook und Buch - weltweit in allen wichtigen Shops

- Verdienen Sie an jedem Verkauf

Jetzt bei www.GRIN.com hochladen und kostenlos publizieren

Bibliografische Information der Deutschen Nationalbibliothek:

Die Deutsche Bibliothek verzeichnet diese Publikation in der Deutschen Nationalbibliografie; detaillierte bibliografische Daten sind im Internet über http://dnb.d-nb.de/ abrufbar.

Dieses Werk sowie alle darin enthaltenen einzelnen Beiträge und Abbildungen sind urheberrechtlich geschützt. Jede Verwertung, die nicht ausdrücklich vom Urheberrechtsschutz zugelassen ist, bedarf der vorherigen Zustimmung des Verlages. Das gilt insbesondere für Vervielfältigungen, Bearbeitungen, Übersetzungen, Mikroverfilmungen, Auswertungen durch Datenbanken und für die Einspeicherung und Verarbeitung in elektronische Systeme. Alle Rechte, auch die des auszugsweisen Nachdrucks, der fotomechanischen Wiedergabe (einschließlich Mikrokopie) sowie der Auswertung durch Datenbanken oder ähnliche Einrichtungen, vorbehalten.

Impressum:

Copyright © 2010 GRIN Verlag, Open Publishing GmbH
Druck und Bindung: Books on Demand GmbH, Norderstedt Germany
ISBN: 9783640601424

Dieses Buch bei GRIN:

http://www.grin.com/de/e-book/149567/der-laendliche-raum-in-europa-entwicklungen-und-trends-im-primaeren-sektor

Julian Hofmann

Der ländliche Raum in Europa - Entwicklungen und Trends im primären Sektor

GRIN Verlag

GRIN - Your knowledge has value

Der GRIN Verlag publiziert seit 1998 wissenschaftliche Arbeiten von Studenten, Hochschullehrern und anderen Akademikern als eBook und gedrucktes Buch. Die Verlagswebsite www.grin.com ist die ideale Plattform zur Veröffentlichung von Hausarbeiten, Abschlussarbeiten, wissenschaftlichen Aufsätzen, Dissertationen und Fachbüchern.

Besuchen Sie uns im Internet:

http://www.grin.com/

http://www.facebook.com/grincom

http://www.twitter.com/grin_com

Karlsruher Institut für Technologie (KIT)

Institut für Geographie und Geoökologie

Fakultät für Bauingenieur-, Geo-, und Umweltwissenschaften

Examensseminar: Humangeographie.

Thema: Der ländliche Raum in Europa –

Entwicklungen und Trends im primären Sektor.

Julian Hofmann
Fachsemester: 8
Studiengang: Geographie/ Deutsch (Lehramt)

SS 2010   Karlsruhe, den 20.03.2010

Inhaltsverzeichnis

<u>Abbildungsverzeichnis (S.3.)</u>

<u>1. Vorwort (S.4.)</u>

<u>2. Der ländliche Raum in Europa (S.6.)</u>
2.1. Charakterisierung der ländlichen Räume in Mitteleuropa (S.6.)
2.2. Definitionsansätze zu den ländlichen Räumen der EU (S.7.)
2.2.1. Die strukturell – analytische Definition (S.8.)
2.2.2. Die Funktional – analytische Definition (S.10.)
2.3. Die ländliche Raumentwicklung in Europa (S.12.)

<u>3. Die Landwirtschaft innerhalb der Europäischen Union (S.14.)</u>

3.1. Die historische Entwicklung der Landwirtschaft (S.14.)
3.2. Die Geschichte der Europäischen Union (S.16.)
3.3. Die aktuellen landwirtschaftlichen und strukturellen Entwicklungen (S.18.)
3.3.1. Bedeutung der Landwirtschaft in den EU – Staaten (S.21.)
3.3.2. Betriebe und unterschiedliche Flächengrößen (S.23)
3.3.3. Produktspezialisierungen der EU – Staaten (S.24.)

<u>4. Agrarpolitische Entwicklungen innerhalb der EU und deren Rolle auf den Weltagrarmärkten (S.26)</u>

4.1. Die EU – Marktordnungen (S.26.)
4.2. Die Beschlüsse der Welthandelsorganisation (WTO) und die damit verbundenen Auswirkungen auf die EU (S.29)
4.3. Die Zukunft der europäischen Landwirtschaft auf den globalen Märkten (S.30.)

<u>5. Nachwort (S.32.)</u>

<u>6. Literaturverzeichnis (S.34.)</u>

Abbildungsverzeichnis

Abbildung 1.: Ländliche Räume in der EU nach OECD – Klassifikationen (verändert vom Amt für Veröffentlichungen der Europäischen Gemeinschaft 2004); S.9.

Abbildung 2.: 6 regionale Typen von Stadt – Land - Raumstrukturen (verändert nach Europäischer Kommission 2001); S.11.

Abbildung 3.: Einflussfaktoren in der Entwicklung ländlicher Räume, dargestellt in Form von Problemkreisen; S.13.

Abbildung 4.: Zusammenschlüsse und Bündnisse innerhalb Europas nach Beendigung des Zweiten Weltkriegs; S.17.

Abbildung 5.: Expansion der Europäischen Union; S. 18.

Abbildung 6.: Auszug aus dem EWG – Vertrag von 1958; S. 19.

Abbildung 7.: Die Bedeutung der Landwirtschaft in den Ländern der EU – 27 (2004); S.22.

Abbildung 8.: Das dominierende Agrarprodukt in den Staaten der EU –27; S.25.

Abbildung 9.: Wichtigste landwirtschaftliche Erzeugnisse nach ihrem Verkaufswert innerhalb der EU (2007); S.25.

Abbildung 10.: Erzeugung und Verbrauch von ausgewählten Milchprodukten in der EU (2007), Angaben in 1000t; S.27.

Abbildung 11.: Entwicklung und Umschichtung der EU – Agrarausgaben (1991 – 2013); S.29.

1. Vorwort

In Zeiten der Globalisierung veränderten sich nicht nur die Gesellschaften einzelner Staaten, sowie der Lebensalltag der Menschen, sondern in erster Linie die gesamte Wirtschaft. Stellvertretend für diesen Bereich erhebt die folgende wissenschaftliche Arbeit den Anspruch, dem Leser einen tieferen Einblick in die Strukturen und Entwicklungen des primären Sektors zu gewähren.

Es würde hierbei zu weit führen sich mit der kompletten agrarpolitischen Entwicklung, die sich weltweit vollzieht, zu beschäftigen. Deshalb sollen stellvertretend die landwirtschaftlichen Prozesse innerhalb der Europäischen Union (EU) in den Vordergrund gerückt werden, ohne jedoch deren globale Position, sowie die Abhängigkeit zu den Weltmärkten, vernachlässigen zu wollen. Zudem soll sich die Betrachtung des primären Sektors rein auf den agrarwirtschaftlichen Bereich beziehen. Die ebenfalls zugehörigen Prozesse, die innerhalb der Forstwirtschaft sowie der Fischerei ablaufen, werden hierbei keine intensivere Untersuchung erfahren. Aufgrund des, an Mitgliedsstaaten und Flächenanteil, immer größer werdenden europäischen Staatenbündnisses und den gemeinsam erstellten und gültigen Verordnungen bezüglich landwirtschaftlicher Aktivitäten, würde es sich als wenig sinnvoll gestalten, die deutsche Landwirtschaft separat zu betrachten. Deshalb soll im weiteren Verlauf der Ausarbeitung der gesamte europäische Markt, mit seinen Veränderungen, den entstehenden Vor - und Nachteilen, sowie den zu erwartenden Entwicklungen, im Gesamtkontext erläutert werden. Zunächst widmen wir uns dem ländlichen europäischen Raum, mit dessen Ausprägungen, seinen Charakteristiken, sowie den zugehörigen Definitionsansätzen.

Danach geht der Text auf die historische Entwicklung der Landwirtschaft innerhalb der Europäischen Union ein, beschäftigt sich mit der aktuellen Bedeutung des primären Sektors und gibt zudem Aufschluss über die Produktspezialisierungen der einzelnen Mitgliedsstaaten. In Kapitel 4 werden einige Marktordnungen der EU, sowie deren Auswirkungen auf die landwirtschaftlichen Betriebe dargestellt und zudem einige Gedanken und Erkenntnisse bezüglich der Zukunft der europäischen Landwirtschaft, im Kontext zu den Weltmärkten, dargelegt.

Zudem könnte man sich, provokant ausgedrückt, die Frage stellen, ob die Bedeutung des primären Sektors überhaupt noch für unsere westlichen Gesellschaften relevant sei. Fest steht, dass die Landwirtschaft innerhalb der EU insgesamt nur noch für

1,8% der gesamten Bruttowertschöpfung verantwortlich ist und innerhalb der Industrienationen, wie Deutschland, Frankreich oder Großbritannien, weniger als 4% der Menschen im landwirtschaftlichen Bereich beschäftigt[1]. Sollten sich somit die Staaten nicht mit anderen wirtschaftlichen Bereichen intensiver auseinandersetzen und die landwirtschaftliche Produktion ihrerseits zurückschrauben? Müsste der Sektor nicht den Entwicklungs- und Schwellenländern überlassen werden, deren Produkte in der Regel sowieso ein niedrigeres Preisniveau aufweisen und könnte eine führende Technologienation wie Deutschland ihre agrarwirtschaftlichen Subventionszahlungen nicht auf andere Bereiche umleiten und sich bemühen in expandierenden Branchen Arbeitsplätze zu schaffen?

Die folgenden Abschnitte sollten dem Leser bei individueller Klärung dieser Fragen als Hilfsmittel dienen, wobei die Problematik innerhalb des Schlusskapitels noch einmal erneut aufgegriffen wird.

---

[1] Klohn 2007, S.5.

2. Der ländliche Raum in Europa

Innerhalb der Verdichtungsräume sowie der Megastädte dieser Welt scheinen sich die Lebensbedingungen der Menschen immer mehr anzugleichen. Lebensstile, Konsumverhalten, oder der Anspruch an den eigenen Lebensstandard variieren eher minimal zwischen Bevölkerungsgruppen einer Metropolregion, unabhängig von deren geographischem Standort. Werden jedoch ländliche Regionen einer intensiveren Betrachtung unterzogen, so ist festzustellen, dass sich diese in Bezug auf die Lebensbedingungen der Menschen stark von einander unterscheiden können. Seit jeher sind ländliche Räume extrem abhängig von den natürlich vorhandenen Ressourcen, wie Bodenbeschaffenheit, Niederschlagsverteilung oder den dort herrschenden Temperaturen, ebenso von der jeweiligen Gesellschaftsstruktur und deren technologischem Potenzial.
Angesichts dieser Umstände ist es wohl kaum verwunderlich, dass sich die ländlichen Regionen der westlichen Welt von den entsprechenden Gebieten der Erde, beispielsweise denen der Tropen, oder der Trockengebiete, grundlegend unterscheiden. Am Beispiel Europas wird deutlich, dass das äußere Erscheinungsbild der Landschaft immer noch von landwirtschaftlicher Nutzung stark geprägt ist, diese den Menschen jedoch vergleichsweise weitaus weniger Arbeitsplätze bietet, als es in Entwicklungsländern mit äquatorialer Nähe der Fall ist[2]. Obwohl die Industrialisierung auch in den meisten tropischen Staaten rasch voranschreitet und der Dienstleistungssektor expandiert, ist der Großteil der ansässigen Bevölkerungsgruppen innerhalb der Landwirtschaft tätig[3]. Es ist deshalb hervorzuheben, dass sich die weitere Untersuchung sowie die Definition des ländlichen Raumes lediglich auf die Regionen innerhalb der Europäischen Union beschränkt.

2.1. Charakterisierung der ländlichen Räume in Mitteleuropa

Innerhalb der ländlichen Regionen der Europäischen Union findet ein Wechselspiel zwischen Urbanisierung und städtischen Abwanderungsbewegungen statt. Einige Regionen, zum Beispiel großflächige Gebiete in Ostdeutschland, entleeren sich der jungen, oftmals arbeitssuchenden Bevölkerung, während sich an weiteren

---
[2] Gebhardt 2007, S.601.
[3] Scholz 2007, S.615.

Standorten Zuwanderungsbewegungen aufgrund unterschiedlichster Motive, wie dem Wunsch nach Natur, ruhigerem stressbefreitem Alltagsleben, oder besserer Wohnqualität, vollziehen[4].

Ohne bereits Im Vorfeld die Gründe zu benennen, so fällt dennoch auf, dass der primäre Sektor trotz seiner allgegenwärtigen Präsenz, den Menschen weit weniger Arbeitsplätze bietet, als es in früheren Zeiten der Fall war. Die traditionellen Vorstellungen und Charakterisierungen des ländlichen Raums und dem daran gekoppelten Lebensstil, treten immer weiter in den Hintergrund. War der Begriff der Ländlichkeit lange Zeit ein Synonym für abgeschottetes, stadtfernes, konservatives und eher rückschrittliches Leben, so vermitteln dieselben Standorte zum Teil nun bewusst Botschaften wie Lifestyle, verbesserte Lebensqualitäten, sowie Freiheit und Romantik, mit dem hintergründigen Ziel, Bevölkerungsgruppen in ihre Regionen zu locken. Auch ist das Landschaftsbild nicht mehr ausschließlich von Agrarnutzung geprägt, sondern enthält ebenso Freizeit - und Erlebnismöglichkeiten, die an Touristen gerichtet sind, die den zumeist als Erholungsgebiet angepriesenen Raum als persönliches Reiseziel wählen[5].

Auch die erwähnte Abschottung der ländlichen Räume von der modernen Welt gehört größtenteils der Vergangenheit an. Zunehmende Mobilität, gewachsene Infrastrukturen und modernste Kommunikationstechniken sorgen dafür, dass Bevölkerungsgruppen dieser Gebiete den Anschluss an Verdichtungsräume erhalten, deren Potenziale ausschöpfen, sowie den eigenen Lebensstil an die globalen, vernetzten Verhältnisse anpassen.

Dadurch treten ländliche Regionen, wie wir sie nach traditionellem Verständnis charakterisiert hätten, immer mehr in den Hintergrund und zudem, zumindest in Bezug auf die westlichen Industrienationen Europas, nur noch vereinzelt auf. Wie bereits dargestellt, erfahren jene Regionen große Abwanderungsströme und werden wohl in näherer Zukunft letztendlich aufgegeben.

2.2. Definitionsansätze zu den ländlichen Räumen der EU

Würde man entlang einer vertikalen Route, ausgehend vom südlichen Teil Spaniens und endend in Skandinavien, die ländlichen Räume Europas betrachten, so würde einem deren Vielfalt und die damit verbundenen unterschiedlichen Ausprägungen

---

[4] Grabski - Kieron 2007, S.602.
[5] Grabski - Kieron 2007, S.602ff.

bewusst werden. Da die einzelnen Regionen je nach Standortmöglichkeiten, nach naturräumlichen Gegebenheiten, sowie nach Lage und Entfernung zu anschließenden Verdichtungszentren variieren, stellt sich der Begriff des ländlichen Raums als überaus ungenaue Definition dar. Doch wie charakterisiert sich nun ein ländlicher Raum, wie lässt er sich von Ballungsräumen nachvollziehbar abgrenzen? Innerhalb der Forschung wird seit einiger Zeit von „Elementen des Ländlichen" gesprochen, durch die eine betreffende Region von städtischen Räumen unterschieden werden kann. Hierbei fallen Kriterien wie Bevölkerungsdichte, Siedlungsgröße, Anteil an land - und forstwirtschaftlicher Flächennutzung, sowie fehlender Zentralität, einer übergeordneten Rolle zu[6].

Henkel zieht „landschaftliche, wirtschaftliche, demografische, administrative und baulich – physiognomische Kriterien" zur genaueren Beschreibung ländlicher Räume heran[7]. Aufgrund des sich seit Mitte des 20. Jahrhunderts vollziehenden Struktur- und Funktionswandels, der zusätzlich gravierende Unterschiede zwischen Land und Stadt immer weiter abbaut, sind ländliche Räume schwerer durch die eben genannten Elemente zu charakterisieren[8]. Gerade was den sozialen, sowie den kulturellen Bereich betrifft, gleichen sich die Bevölkerungsgruppen unabhängig ihres geografischen Wohnortes immer weiter aneinander an. Nun sollen zwei aktuelle und anwendungsorientierte Definitionsansätze eine intensivere Betrachtung erfahren.

2.2.1. Die strukturell – analytische Definition

Dieser Ansatz der strukturell – analytischen Definition setzt sich das Ziel, den ländlichen Raum zu typisieren und darzustellen. Hierbei werden zunächst demografische Komponenten, beispielsweise die Einwohnerdichte pro Quadratkilometer, sowie siedlungsstrukturelle Kriterien, wie zentralörtliche Funktionen, untersucht. Ebenfalls wird die Auswertung sozioökonomischer Daten zum Gesamtbild hinzugezogen. Nach Beendigung dieses Prozesses kann nicht nur der ländliche Raum von seinem städtischen Gegenpart abgegrenzt werden, sondern es kristallisieren sich innerhalb der Peripherie unterschiedliche Raumtypen heraus. Auf der folgenden Abbildung werden ländliche Räume in der EU, nach Klassifikationen der Organisation für wirtschaftliche Zusammenarbeit und

---

[6] Grabski - Kieron 2007, S.604.
[7] Henkel 2004.
[8] Grabski - Kieron 2007, S.604.

Entwicklung, kurz OECD genannt, grafisch dargestellt. Wie zu erkennen ist, so wird bei der Betrachtung der ländlichen Gemeinden und deren Bevölkerungsanteil innerhalb ihres abgegrenzten Raumes, zwischen drei unterschiedlichen Raumtypen unterschieden. Zu erwähnen ist die Erkenntnis, dass der Anteil der ländlich wohnenden Bevölkerung in den EU - Staaten, zumindest nach diesem Ansatz, recht hoch ist. Ballungsräume, wie beispielsweise die Pariser Metropolregion, oder das Ruhrgebiet, in deren Sektoren die städtische Bevölkerung vorherrschend ist, sind durchaus vorhanden, stellen jedoch eine Minderheit dar und nehmen vor allem in Richtung Ost – und Nordeuropa zunehmend ab. Dieses Schaubild sollte jedoch nicht als allein gültiger Maßstab zur Abgrenzung von städtischen und ländlichen Räumen herangezogen werden, da andere Beispiele und Definitionsansätze ein variierendes Ergebnis aufzeigen können. Die Charakteristik eines ländlichen Raumes wird hierbei ausschließlich von der Bevölkerungsdichte pro Quadratkilometer abhängig gemacht, was sicherlich als legitim anzusehen ist, jedoch könnten auch andere Faktoren zur Klassifizierung herangezogen werden.

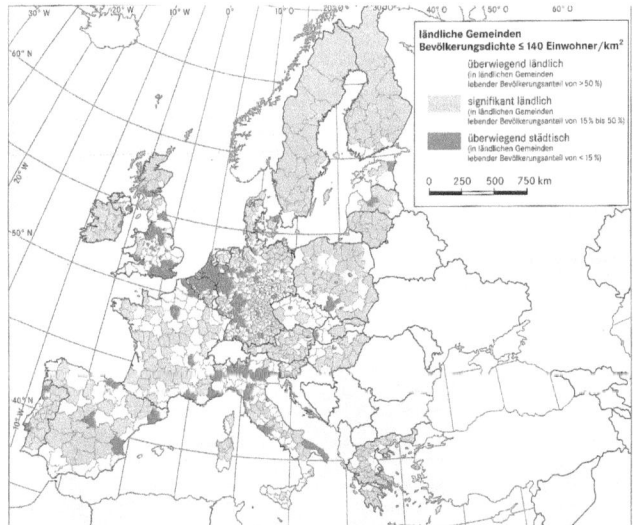

Abb1.: Ländliche Räume in der EU nach OECD – Klassifikationen (verändert vom Amt für Veröffentlichungen der Europäischen Gemeinschaft 2004).
Quelle: Grabski – Kieron: Geographie und Planung ländlicher Räume in Mitteleuropa. In: Geographie. Physische Geographie und Humangeographie. Heidelberg 2007. S. 605.

Ungeachtet dessen verdeutlicht uns das Schaubild den Stellenwert, sowie die Präsenz des ländlichen Raums, der bei vorherrschenden Urbanisierungsvorgängen und Metropoldominanz oftmals zu Unrecht in den Hintergrund der öffentlichen Aufmerksamkeit treten muss.

2.2.2. Die Funktional – analytische Definition

Dieser Definitionsansatz stellt die Funktionen bestimmter ländlicher Gebiete, sowie deren Zuordnung zu angrenzenden Agglomerationsräumen oder Megacitys, in den Vordergrund. Betrachten wir für den Moment speziell die Bundesrepublik Deutschland und orientieren wir uns an den ermittelten Daten des Bundesamtes für Bauwesen und Raumordnung (BBR), so lassen sich verschiedene Typen ländlichen Raums voneinander abgrenzen[9].

Es wird beispielsweise unterschieden zwischen peripheren Regionen, die in enger Anbindung und Korrespondenz zu Verdichtungsgebieten stehen, sowie ländlichen Räumen mit weiterer Entfernung zum nächsten Agglomerationsraum. Des Weiteren gibt es Vertreter mit wenig Beziehungen zu Metropolregionen und selbst entwickelter wirtschaftlicher Eigendynamik, sowie vereinzelt auftretende Gebiete, die sich durch Strukturschwäche, geringen städtischen Beziehungen und abgelegener geographischer Lage charakterisieren[10]. Für letztgenannten Aspekt treffen ostdeutsche Peripheriegebiete, beispielsweise in Teilen Mecklenburg – Vorpommerns oder auch Brandenburgs zu.

Auf folgender Abbildung und der darauf ersichtlichen Europakarte werden ähnliche Unterscheidungskategorien auf den Bereich der EU übertragen. Ohne nacheinander auf alle 6 aufgeführten Typisierungen genauer eingehen zu wollen, fällt zunächst auf, dass Regionen, die von einer einzigen Großmetropole dominiert werden, in Europa eher zur Ausnahme zählen. In erster Linie Paris, aber auch London, Athen oder Warschau, dienen als Beispiel solch einer Metropolregion. Weitaus häufiger treten bereits polyzentrische Regionen, wie wir sie in großen Teilen Deutschland und Großbritannien vorfinden, auf. Ländliche Regionen mit kleinen und mittelgroßen Städten als Zentren, dominieren hauptsächlich die nord -, süd- und osteuropäischen Räume. Abgelegene, ländliche Gebiete treten innerhalb Europas vergleichsweise

---

[9] Grabski - Kieron 2007, S.604f.
[10] Mose 2005, S.573ff.

selten auf und bilden innerhalb jedes Staates, mit Ausnahme von Irland, die deutliche Minderheit unter den verschiedenen Raumtypen.

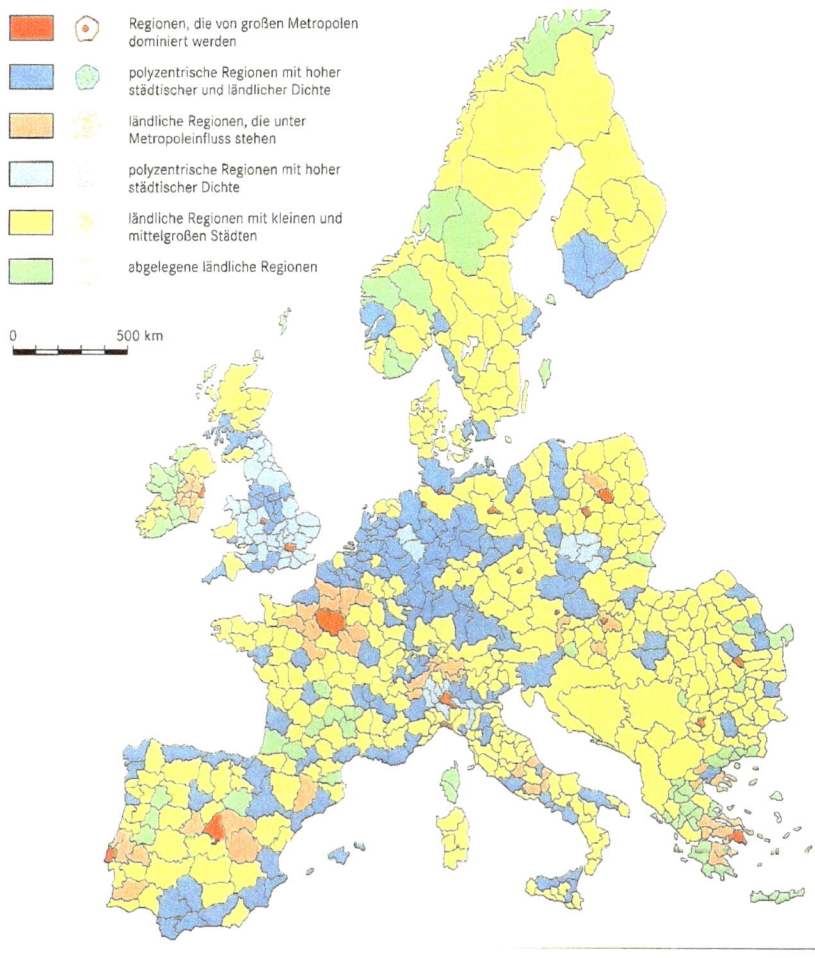

Abb2.: 6 regionale Typen von Stadt – Land - Raumstrukturen (verändert nach Europäischer Kommission 2001).
Quelle: Grabski – Kieron: Geographie und Planung ländlicher Räume in Mitteleuropa. In: Geographie. Physische Geographie und Humangeographie. Heidelberg 2007. S. 606.

Aktuellere Klassifizierungsversuche, beispielsweise im Raumordnungsbericht der Bundesrepublik Deutschland, erstellt im Jahr 2005 vom BBR, verwenden ebenfalls die aufgezeigten Funktionen ländlicher Räume, versuchen jedoch zusätzlich das jeweilige Funktionspotenzial zum Ausgangspunkt der unterschiedlichen Typisierung miteinzubeziehen.

Hierbei spielen beispielsweise die Wirtschafts – und Arbeitsplatzsituation der ansässigen Bevölkerung, die Wohnfunktion für die in der Landwirtschaft aktiv arbeitenden Menschen, sowie die Ressourcenbereitstellungsfunktion bezogen auf die Gewinnung von Trinkwasser und von vorhandenen Rohstoffen, sowie der Nutzung erneuerbarer Energien, eine primäre Rolle.

Doch auch dieser erwähnte Ansatz stellt nur einen unter vielen Versuchen zur Klassifizierung der unterschiedlichen Raumstrukturen dar. Es soll zudem auf weitere Modelle von Baum und Weingarten, aus dem Jahr 2004, sowie auf Bengs und Schmidt – Thome, deren Werk aus dem selben Jahr stammt, verwiesen werden[11].

2.3. Die ländliche Raumentwicklung in Europa

Wie wir nun bereits erfahren haben, ist der ländliche Raum als Teil des europäischen Gesamtraums zu betrachten. Er kann zudem nicht als einheitliche Kategorie untersucht und klassifiziert werden, sondern wird durch verschiedene Vertreter differenziert.

Ländlicher Raumwandel, beziehungsweise Raumentwicklung, hat es schon zu allen Zeiten menschlicher Einflussnahme gegeben. Die ansässige Bevölkerung prägt und verändert ihre naturgegebene Umgebung je nach eigenem Bedarf. Es werden Ressourcen ausgeschöpft, Flächen als Wohnraum verwendet, oder Flussläufe umgeleitet. In unserer heutigen globalisierten Welt unterliegt der Raum allerdings nicht nur einem Struktur - und Funktionswandel, sondern wird durch verschiedenste Einflussfaktoren und Problematiken geprägt.

Das folgende Schaubild gibt uns Aufschluss über die dominierenden Elemente, in Form von Problemkreisen dargestellt, die eine Entwicklung des ländlichen Raumes beherrschen[12].

---

[11] Grabski - Kieron 2007, S.604f.
[12] Grabski - Kieron 2007, S.606f.

Die einzelnen Felder sind allerdings keinesfalls separat zu betrachten, sondern korrelieren je nach Region in unterschiedlicher Stärke miteinander. Hierbei spielt beispielsweise der demographische Wandel, die wirtschaftsräumliche Dynamik, oder Natur – und Ressourcenschutz eine zentrale Rolle. Im weiteren Verlauf der Arbeit wird jedoch, wie in der Einleitung bereits angekündigt, auf die Situation und die Entwicklungsprozesse im primären Sektor und dessen daran gekoppelter struktureller Wandeln, bezogen auf die Staaten der Europäischen Union, eingegangen.

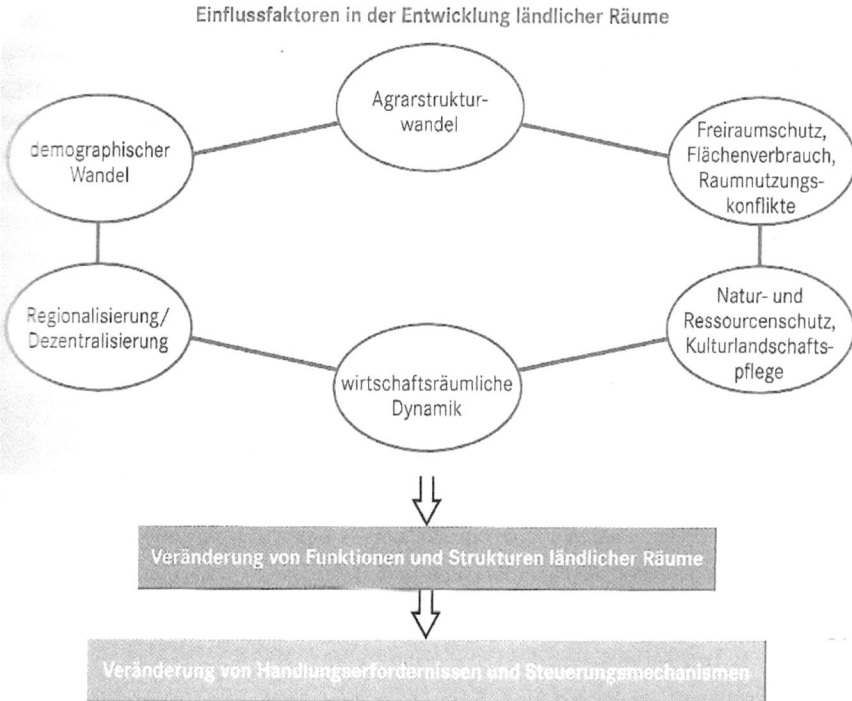

Abb.3.: Einflussfaktoren in der Entwicklung ländlicher Räume, dargestellt in Form von Problemkreisen.
Quelle: Grabski – Kieron: Geographie und Planung ländlicher Räume in Mitteleuropa. In: Geographie. Physische Geographie und Humangeographie. Heidelberg 2007. S. 607.

3. Die Landwirtschaft innerhalb der Europäischen Union

Auch in den großen Industrienationen Europas, spielt die Landwirtschaft weiterhin eine nicht zu unterschätzende Rolle. Primäre Aufgaben bestehen in der Produktion von Nahrungs – und Futtermitteln, sowie in der Lieferung von Grundstoffen zur Energiegewinnung und industriellen Verwertung. Die Menge des jeweiligen Ertrags und dessen Qualität entscheiden in erster Linie über den Erfolg eines agrarwirtschaftlichen Unternehmens. Spezialisierung der Betriebe, sowie technologischer Fortschritt führen zu grundlegenden Veränderungen im landwirtschaftlichen Gewerbe[13].

Die Zielsetzung des Kapitels besteht darin, die strukturelle Vielfältigkeit der Landwirtschaft in der EU aufzuzeigen, aktuelle Trends, vergangene und zukünftige Entwicklungen wiederzugeben, sowie auf den Stellenwert des primären Sektors im Allgemeinen und zusätzlich auf einzelne Mitgliedsstaaten bezogen, intensiver einzugehen. Ein schneller Blick auf die Entwicklung der Europäischen Union soll ebenfalls geworfen werden, da ein gewisses Grundwissen zum weiteren Verständnis unabdingbar sein wird, wobei der Fokus zunächst auf die Geschichte der Landwirtschaft gerichtet ist.

3.1. Die historische Entwicklung der Landwirtschaft

Die ersten Funde von menschlichem Leben stammen aus Äthiopien und sind auf ungefähr 4,4 Millionen Jahre vor unserer Zeit datiert. Bevor sich die Menschheit aufgrund zunehmender geistiger und körperlicher Fähigkeiten, sowie zunehmender Erfahrungen in der Lage befand, technische Errungenschaften herzustellen und Pflanzen ihrer Umgebung bewusst zu nutzen, vergingen weitere 2 Millionen Jahre[14]. Die Landwirtschaft kann somit als eine geplante, nachhaltige Nutzung von Pflanzen und Tieren, die der Versorgung der Menschen dient, charakterisiert werden. Ackerbau und Viehzucht revolutionierten den Lebensstil der jeweiligen Bevölkerungsgruppe und trugen ihren Teil zur Sesshaftigkeit und somit, ausgehend von Ägypten und dem vorderasiatischen Raum, zur Staatenbildung bei. Zahlreiche Funde weisen darauf hin, dass innerhalb Mitteleuropas bereits 5000 vor Christus Ackerbau betrieben wurde. Im Altertum prägte vor allem das römische Imperium die

---

[13] Latten1998, S.3.
[14] Specht 2008, S.41 – 52.

Entwicklungen im primären Sektor. Es entwickelten sich Verfahren zur Be – und Entwässerung, sowie zur Verbesserung der Bodenverhältnisse an ansässigen Standorten[15]. Ungefähr um 100 nach Christus entstand die Dreifelderwirtschaft, die im 9.Jahrhundert durch Karl den Großen flächendeckend Anwendung fand und bis zur Mitte des 18. Jahrhunderts kaum verbessert wurde. Mit der ansteigenden Produktion von pflanzlichen und tierischen Erzeugnissen wurde es einigen Bevölkerungsgruppen erst ermöglicht, einem anderen Gewerbe als dem der Landwirtschaft nachzugehen. Der landwirtschaftliche Sektor übernahm die Verantwortung zur zuverlässigen Nahrungsmittelversorgung der Menschen. Im Laufe des 19. Jahrhunderts wandelt sich die Gesellschaft durch die eintretende Industrialisierung, ausgehend von England. Mit der industriellen Revolution folgt gleichzeitig eine Zunahme der Armut und der fehlenden Versorgung an Nahrungsmitteln, die unter anderem auch in den voranschreitenden Siedlungserweiterungen, sowie Infrastrukturinvestitionen begründet sind und zur Verarmung der Agrarökosysteme führten.

Mit der, ab dem Jahr 1950 einsetzenden 2. industriellen Revolution, werden bisher bestehende Kleinstrukturen innerhalb der Agrargebiete abgeschafft. Die Landwirte werden durch die Erweiterungen von Wohn - und Verkehrsräumen gezwungen, bislang ungenutzte Flächen intensivst zu bewirtschaften. Streuobstwiesen wurden bewusst gerodet und durch Plantagen ersetzt, Böden wurden künstlich entwässert um die Vegetationszeit darauf erhöhen zu können. Dies sind nur 2 Beispiele für politische Maßnahmen innerhalb der Landwirtschaft, die sich zum Ziel gesetzt hatten die Nahrungsmittelproduktion zu erhöhen. Auch der flächendeckende Einsatz von Düngemitteln hatte sich bereits zu Beginn des 20. Jahrhunderts durchgesetzt. Andere Errungenschaft wie die systematische Pflanzenzüchtung oder der Einsatz moderner chemischer Pflanzenschutzmittel fanden bereits innerhalb der letzten Jahrzehnte des 19. Jahrhunderts Verwendung.

Ohne die ständig voranschreitenden technischen Fortschritte wäre die Landwirtschaft in ihrer heute bekannten Ausprägung nicht realisierbar gewesen. Mitte des vorletzten Jahrhunderts wurde die Dampfkraft als Antrieb von Dreschmaschinen eingeführt und 1922 von den weiterentwickelten Dieselmotoren abgelöst. Diese fanden sich, Ende der 20er Jahre, in der ersten Serie von Traktoren wieder. Im Laufe der 50er Jahre erfuhr die Landwirtschaft, speziell in Deutschland, eine enorme Modernisierung

---

[15] Lütke – Entrup 1998, S.11.

aufgrund des flächendeckenden Einsatzes technologischer und motorisierter Maschinen, die das Produktionspotenzial schlagartig erhöhten[16].

3.2. Die Geschichte der Europäischen Union

Da sich die Landwirtschaft in den europäischen Staaten aufgrund der EU – Verordnungen und Regelwerke immer wieder veränderte, ist es nötig auf die Geschichte der Europäischen Union und deren Mitgliedsstaaten kurz einzugehen.
Die EU ist mittlerweile ein aus 27 Mitgliedern bestehendes Staatenbündnis, dessen Bevölkerung aktuell über 500 Millionen Menschen beinhaltet.
Der gemeinsam gebildete Europäische Binnenmarkt, ist das größte bestehende und abgegrenzte Wirtschaftsgebiet, das auf der Welt momentan Bestand hat. Im Jahre 1958 schlossen sich Belgien, Deutschland, Frankreich, Italien, Luxemburg und die Niederlande zur Europäischen Wirtschaftsgemeinschaft (EWG) zusammen, mit dem primären Ziel die Integration Europas zunächst auf wirtschaftlicher Ebene voranzutreiben. Ein gemeinsames Zusammenarbeiten zwischen den einzelnen Staaten sollte vorbeugend militärische Auseinandersetzungen, wie sie die Menschen im Zweiten Weltkrieg erleben mussten, verhindern und zudem den Lebensstandard der Bevölkerungsgruppen erhöhen.
Die Zölle wurden untereinander nach und nach abgebaut und die Agrarpolitik wurde zusätzlich durch den eingerichteten Europäischen Ausrichtungs- und Garantiefond finanziert[17]. Auf Abbildung 4 sehen wir eine Karte abgebildet, die uns die unterschiedlichen Bündnisse innerhalb Europas, während der ersten Phase der Nachkriegszeit, aufzeigt.1967 gründete die EWG, sowie die Europäische Atomgemeinschaft, die Europäische Gemeinschaft (EG), die nach und nach ihren eigenen Ministerrat, ihre persönliche Kommission, das Europäische Parlament und den Europäischen Gerichtshof bildeten. Zu Beginn des Jahres 1973 schlossen sich Dänemark, Großbritannien und Irland der Staatengemeinschaft an. 1981 kam Griechenland hinzu, 5 Jahre später folgten Spanien und Portugal[18].
Der Vertrag zur Gründung der Europäischen Union, Vertrag von Maastricht genannt, wurde 1992 von den damals führenden Staats - und Regierungsvorsitzenden

---

[16] Lütke – Entrup 1998, S.11f.
[17] Müller 2009, S. 355f.
[18] Müller 2009, S. 396f.

unterzeichnet und beinhaltete in erster Linie den Wandel vom Binnenmarkt hin zu einer gemeinsamen Wirtschafts- und Währungsunion.

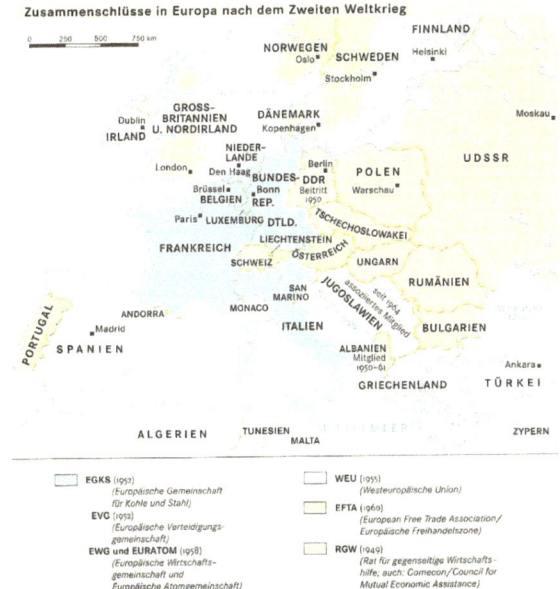

Abb.4.: Zusammenschlüsse und Bündnisse innerhalb Europas nach Beendigung des Zweiten Weltkriegs.
Quelle: Müller: Schlaglichter der deutschen Geschichte. Bonn 2009. S.356.

Es wurde zudem eine gemeinschaftlich geführte Außen – und Sicherheitspolitik vereinbart, eine größere Zusammenarbeit in der Innen – und Rechtspolitik angestrebt, sowie die Einführung einer einheitlichen Währung veranschlagt, dem Euro, der 2002 schließlich eingeführt wurde[19].
1995 kamen Finnland, Österreich und Schweden zum Bündnis hinzu. Durch den mittlerweile stattgefundenen Zerfall der ehemaligen Sowjetunion und der Auflösung des Ostblocks, bot sich nun die Chance, die bisherige Teilung des Kontinents, sowohl in wirtschaftlicher als auch in politischer Form, zu überwinden. So wurden mit 12 beitrittswilligen Staaten, darunter auch Polen, Ungarn, Tschechien und Rumänien, Verhandlungen zum Eintritt in die EU aufgenommen. 10 der 12 Länder traten 2004

---
[19] Müller 2009, S.467f.

bei. Rumänien und Bulgarien folgten im Jahr 2007[20]. Somit war die EU – Osterweiterung zunächst abgeschlossen. Die folgende Tabelle auf Abbildung 5 gibt noch einmal einen Gesamtüberblick bezüglich der 27 beigetretenen Staaten und deren zeitlichen Eintritt.

Jahr		Mitgliedstaaten der Europäischen Union
1958	EWG der 6	Belgien, Deutschland, Frankreich, Italien, Luxemburg, Niederlande
1973	EG der 9	+ Dänemark, Vereinigtes Königreich, Irland
1981	EG der 10	+ Griechenland
1986	EG der 12	+ Portugal und Spanien
1995	EU der 15	+ Finnland, Österreich, Schweden
2004	EU der 25	+ Estland, Lettland, Litauen, Malta, Polen, Slowakei, Slowenien, Tschechien, Ungarn, Zypern
2007	EU der 27	+ Rumänien, Bulgarien

Abb.5: Expansion der Europäischen Union.
Quelle: Klohn: Die Landwirtschaft in der Europäischen Union. In: Praxis Geographie. Landwirtschaft in der EU. Heft 2. 37. Jahrgang. Februar 2007. S.4.

3.3. Die aktuellen landwirtschaftlichen und strukturellen Entwicklungen

Wie wir bereits wissen, trat am 1. Januar 1958 der EWG – Vertrag in Kraft. Darin wurde festgelegt, dass die Agrarwirtschaft ein fester Bestandteil der wirtschaftlichen Zusammenarbeit darstellen soll.
Es war wohl von vorn herein klar, dass dieser Beschluss, aufgrund der strukturellen Unterschiede der einzelnen Mitgliedsstaaten in Bezug auf deren Landwirtschaft, an zukünftige Problematiken gekoppelt sein wird. Zudem wurde bis zur Vereinigung in mehreren Ländern eine recht unterschiedliche Agrarpolitik, was beispielsweise Marktordnungen und Subventionszahlungen betrifft, betrieben. Diese bisher vorherrschenden Beschlüsse mussten nun schlagartig durch eine erneuerte, allgemeingültige und nachhaltige Agrarpolitik ersetzt werden[21]. Abbildung 6 liefert uns einen Auszug aus dem EWG – Vertrag von 1958 bezüglich der landwirtschaftlichen Bestimmungen.

---
[20] Müller 2009, S.483f.
[21] Klohn und Windhorst 2009, S.7.

> **Mat. 1-1 (Forts.):**
> **Auszug aus dem EWG-Vertrag 27.3.1957**
>
> ### Die Landwirtschaft
>
> #### Artikel 38
>
> (1) Der Gemeinsame Markt umfasst auch die Landwirtschaft und den Handel mit landwirtschaftlichen Erzeugnissen.
>
> (4) Mit dem Funktionieren und der Entwicklung des Gemeinsamen Marktes für landwirtschaftliche Erzeugnisse muss die Gestaltung einer gemeinsamen Agrarpolitik der Mitgliedsstaaten Hand in Hand gehen.
>
> #### Artikel 39
>
> (1) Ziel der gemeinsamen Agrarpolitik ist es:
>
> a) Die Produktivität der Landwirtschaft durch Förderung des technischen Fortschritts, Rationalisierung der landwirtschaftlichen Erzeugung und den bestmöglichen Einsatz der Produktionsfaktoren, insbesondere der Arbeitskräfte, zu steigern;
> b) auf diese Weise der landwirtschaftlichen Bevölkerung, insbesondere durch Erhöhung des Pro-Kopf-Einkommens der in der Landwirtschaft tätigen Personen, eine angemessene Lebenshaltung zu gewährleisten;
> c) die Märkte zu stabilisieren;
> d) die Versorgung sicherzustellen;
> e) für die Belieferung der Verbraucher zu angemessenen Preisen Sorge zu tragen.
>
> #### Artikel 40
>
> (2) Um die Ziele des Artikels 39 zu erreichen, wird eine gemeinsame Organisation der Agrarmärkte geschaffen.
>
> Diese besteht je nach Erzeugnis aus einer der folgenden Organisationsformen:
> a) gemeinsame Wettbewerbsregeln;
> b) bindende Koordinierung der verschiedenen einzelstaatlichen Marktordnungen;
> c) eine Europäische Marktordnung.

Abb. 6.: Auszug aus dem EWG – Vertrag von 1958.
Quelle: Klohn; Windhorst: Die Landwirtschaft in der Europäischen Union. Vechta 2009. S.17.

Dies führte sowohl zu aufkommenden Problemfeldern, allerdings auch zu neuen Möglichkeiten und Vorteilen, welche die Europäische Union nun besaß. Sie profitierte beispielsweise nach Abschluss der Süderweiterung Mitte der 80er Jahre von den Neumitgliedern, die einen enormen Bedarf an Überschussprodukten anderer EU – Staaten verzeichneten. Portugal hatte in diesem Aspekt den geringsten Selbstversorgungsgrad vorzuweisen und war folglich ein willkommener Absatzmarkt für die Getreide – Schweine - und Rinderlieferanten der neuen Partnerländer. In diesem Fall entstand jedoch gleichzeitig ein Problem, da Portugals bisheriger Getreidehauptlieferant, die USA, von der Umlenkung der bisher bestehenden Handelsströme natürlich negativ tangiert wurde.

Beim Auftritt solcher und weiterer Folgeprobleme sah sich die EU immer wieder gezwungen, diese zu lösen, in dem sie zum Beispiel, wie im aufgeführten Fall, den Sojabohnenproduzenten der Vereinigten Staaten die Möglichkeit gewährten, zollfrei ihre Ware in die europäischen Bündnisländer einzuführen.

In Südfrankreich, Italien und Griechenland fürchtete sich die Agrarwirtschaft vor der bevorstehenden Konkurrenz aus Portugal und Spanien, denen kurz vor ihrem EU – Beitritt 1986 vorgeworfen wurde, billige Massenprodukte an Wein, Obst und Gemüse auf den Markt zu bringen und gleichzeitig die bisher bestehenden Preise zu verderben. Auch angrenzende Staaten die nicht dem expandierenden Bündnis zugehörig waren, fürchteten um Verschlechterungen bezüglich der Exportmöglichkeiten in benachbarte EU- Staaten.

Es waren mehrere Beschlüsse und Sonderabkommen nötig, ohne genauer auf einzelne Vertreter eingehen zu wollen, um auch bestehende Handelsbeziehungen aufrecht erhalten zu können[22]. Durch den 2004 vollzogenen Beginn der EU – Osterweiterung, mit 10 neuen Mitgliedsstaaten, steht die Union vor einer großen Herausforderung. Es kam innerhalb ihrer Geschichte zwar bereits vor, dass wirtschaftlich schwächere Länder, wie beispielsweise Irland oder Griechenland, hinzugezogen wurden, jedoch waren deren Unterschiede in Bezug auf das Durchschnittspotenzial der Gemeinschaft nicht dermaßen gering, wie es nun bei den Osteuropäern der Fall ist. Die 10 Neumitglieder beinhalteten ungefähr 16% der EU – Gesamtbevölkerung, ihr Bruttoinlandsprodukt erwirtschaftete aber nur 5% des Gesamtvolumens aller Beitrittsstaaten.

Aufgrund der vergleichsweise schwächeren Wirtschaftskraft und den rückschrittlicheren Lebensbedingungen wird es wohl einen langen und beschwerlichen Weg benötigen, um ein einigermaßen vorhandenes Gleichgewicht zwischen allen Nationen zu erreichen. Nicht weniger schwierig wird sich die Aufwertung von Rumänien und Bulgarien gestalten, die an der aktuellen europäischen Staatengemeinschaft einen Bevölkerungsanteil von 6% erbringen, jedoch nicht einmal 1% des gesamten Bruttoinlandsproduktes vorweisen können. Betrachten wir die Landwirtschaft separat, so müssen wir jedoch feststellen, dass gerade in den Mittel – und Osteuropäischen Ländern (MOEL) die natürlichen Gegebenheiten für den primären Sektor größtenteils günstig ausfallen. Die zumeist fruchtbaren und vor allem verfügbaren Großflächen ergeben, verbunden mit

---

[22] Klohn 2007, S.4.

zahlreichen billigen Arbeitskräften, ein enormes landwirtschaftliches Potenzial, sowohl für die reine Produktion, als auch für die Prozesse der Weiterverarbeitung. Schwächen wiederum besitzen die Osteuropäer im Schutz von Pflanzen und Tieren, in der Hygiene der erzeugten Produkte und ebenso in deren Vermarktung. Die Produktionskosten allerdings liegen weit unter dem Normalniveau. Die durchschnittlichen Produktionskosten für Weizen sind in Ungarn beispielsweise nur halb so hoch wie selbige in der Bundesrepublik. Ähnliches gilt auch für weitere Produkte, wie Milch oder Getreide. Dieser Zustand sollte den MOEL – Staaten, bei zunehmender Modernisierung und Technologisierung ihrer Betriebe, in Zukunft zum Vorteil werden, sowie eine positive landwirtschaftliche Weiterentwicklung gewährleisten[23].

3.3.1. Bedeutung der Landwirtschaft in den EU - Staaten

Führen wir uns die wirtschaftliche Bedeutung der Agrarproduktion für jeden der einzelnen Mitgliedsstaaten separat vor Augen, so stellen wir fest, dass gewaltige Unterschiede zwischen den Ländern bestehen. Abbildung 7 zeigt in Form eines horizontal verlaufenden Balkendiagrammes auf, welchen Anteil die Landwirtschaft am gesamten Bruttoinlandsprodukt der einzelnen Vertreter besitzt und wie viele Erwerbstätige prozentual im primären Sektor beschäftigt sind. Während innerhalb der großen Industrienationen wie Deutschland, Frankreich, oder Großbritannien der Anteil der Beschäftigten im primären Sektor bei unter 3% liegt, sind in Rumänien 33%, in Polen knapp 18% und in Litauen 16% der Menschen haupterwerblich im agrarwirtschaftlichen Bereich tätig[24]. Zwar weisen die südeuropäischen Staaten gegenüber den genannten Wirtschaftsmächten ebenfalls erhöhte Werte auf, jedoch sind die Unterschiede lange nicht so extrem ausgeprägt.

Auch die Anteile der Landwirtschaft an der Bruttowertschöpfung variieren innerhalb der Europäischen Union stark. Während sie in Luxemburg nur bei 0,5% oder in Deutschland bei 1% liegen, steigen die Werte in Bulgarien und Rumänien auf 11% beziehungsweise 14%. Unterschiede bestehen ebenso in Bezug auf die Arbeitskräfte. In mehreren westeuropäischen Staaten, wie Österreich, dominieren Familienbetriebe, die auf die Marktversorgung ausgerichtet sind, das

---

[23] Klohn 2007, S.5.
[24] Klohn 2007, S.5

landwirtschaftliche Bild. Dagegen sind viele rumänische und bulgarische Betriebe noch hauptsächlich auf die Eigenversorgung ausgelegt.

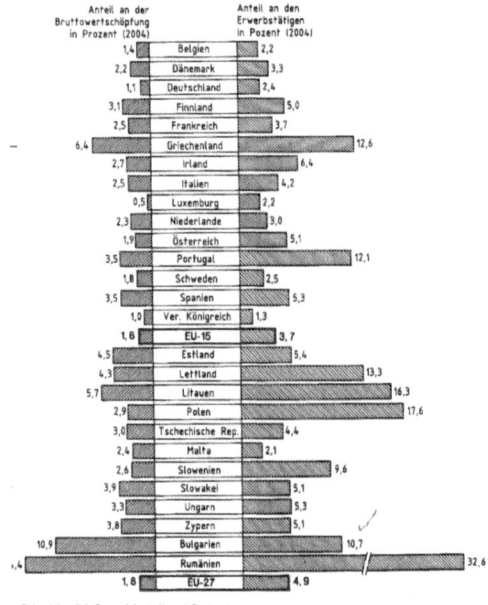

Abb.7.: Die Bedeutung der Landwirtschaft in den Ländern der EU – 27 (2004).
Quelle: Deutscher Bauernverband 2006, S.163.

Innerhalb der südeuropäischen Landwirtschaft herrscht zudem eine starke Überalterung unter den Besitzern. In Portugal sind zum Beispiel knapp 47% der Inhaber mindestens 65 Jahre alt. Es ist zu befürchten, dass in naher Zukunft einige dieser Betriebe aufgrund mangelnder Nachfolger aufgegeben werden müssen und sich die landwirtschaftliche Struktur grundlegend verändern wird.
Ein bedeutsamer Indikator für die Produktionsintensität ist die jeweilige Verwendungsmenge von Handelsdünger.
Hierbei ist zusätzlich anzumerken, dass nur der übliche Handelsdünger statistisch erfasst wird und nicht der eigens produzierte Wirtschaftsdünger, wie Gülle oder Mist, der ja ebenso auf den Anbauflächen seine Verwendung findet. Der höchste Einsatz des Düngers pro Flächeneinheit findet sich in den Beneluxstaaten sowie in Deutschland. In den östlich und südlich gelegenen Staaten, ist der Verbrauch

dagegen relativ gering, wobei den Ländern nach EU – Beitritt ein vereinfachter Zugang zu Handelsdüngemitteln gewährleistet wurde, womit sich ein zukünftig ansteigender Einsatz prognostizieren lässt[25].

3.3.2. Betriebe und unterschiedliche Flächengrößen

2007 durfte die Europäische Union 13,7 Millionen landwirtschaftliche Betriebe, die eine Fläche von 172 Millionen Hektar bearbeiteten, ihr Eigen nennen. Der zuvor weitaus geringere Wert erhöhte sich durch den Beitritt der osteuropäischen Staaten ab 2004 schlagartig, insbesondere sind hierbei Rumänien und Polen herauszuheben, da diese Staaten über eine Vielzahl an kleinflächigen agrarwirtschaftlichen Unternehmen verfügen.

70% der Betriebe innerhalb der EU befinden sich innerhalb der Grenzen von 5 Staaten: Rumänien, Polen, Italien, Spanien und Griechenland. Während die zahlenmäßige Überlegenheit in diesem Punkt dem Süden, sowie dem Osten Europas zufällt, verhält es sich bezüglich der jeweiligen Flächengröße eines Betriebes vollkommen anders.

Allein 37% der gesamten landwirtschaftlich genutzten Fläche werden auf französischem, deutschem und spanischem Boden bearbeitet. Die unterschiedlichen Größenverhältnisse der einzelnen Betriebe drücken jedoch nur peripher die jeweils unterschiedlichen strukturellen und sozialen Bedingungen die innerhalb der Staaten herrschen aus, sondern spiegeln in erster Linie die verschiedenartigen Anbaustrukturen, sowie spezielle Produktspezialisierungen wider.

Die relativ kleinen Betriebsgrößen südlicher Länder, wie Italien oder Griechenland, sind beispielsweise auf die dort anzutreffenden Sonderkulturen, wie Wein, Oliven, Obst und Gemüse, sowie den damit verbundenen hohen Arbeitsaufwand, zurückzuführen.

Die, im Gegensatz dazu, großen tschechischen Flächen, die von einem Betrieb genutzt werden, sind Zeugen der vergangenen sozialistischen Planwirtschaft des Staates. Weitere flächengroße Agrarunternehmen sind vor allem auch in den westeuropäischen Staaten vorhanden, in denen der Getreideanbau eine tragende Rolle spielt[26].

---

[25] Klohn und Windhorst 2009, S.35f.
[26] Klohn und Windhorst 2009, S.34.

3.3.3. Produktspezialisierungen der EU – Staaten

Aufgrund verschiedener Faktoren, wie zum Beispiel den klimatischen Gegebenheiten am Standort, der Zusammensetzung des Bodens, oder der Verfügbarkeit von mehr oder weniger großen Flächen, haben sich die einzelnen Staaten größtenteils auf den Anbau einiger weniger dominierender Produkte spezialisiert.
Innerhalb der EU überwiegen die pflanzlichen Erzeugnisse gegenüber den tierischen, wobei auch in diesem Fall große regionale Disparitäten auftreten. Im südlichen Teil Europas beträgt der Anteil der pflanzlichen Produktion an der gesamten Erzeugung, den höchsten Wert, während gerade in geomorphologisch eher benachteiligten Regionen, wie in Teilen Schwedens, Österreichs oder Irland, die tierischen Produkte überwiegen.
In Bezug auf die Herstellung von Wein sowie dem Anbau von Zitrusfrüchten und Frischgemüse, spielen die klimatischen Bedingungen die tragendste Rolle, wonach diese Produkte zum größten Teil ihren Herkunftsstandort in Südeuropa besitzen.
Ziegen und Schafe sind in erster Linie in schottischen, spanischen, griechischen und französischen Gebirgsregionen und Trockengebieten beherbergt, in denen sich kaum Alternativen bezüglich der landwirtschaftlichen Nutzung ergeben.
Auf der dargestellten Karte in Abbildung 8 wird uns ein Überblick über die räumliche Struktur der Landwirtschaft, sowie über das jeweils dominierende Produkt eines Staates, verschafft. Wie bereits erwähnt ist zu erkennen, dass im Mittelmeerraum die Produktion von Obst und Gemüse überwiegt, während der zentrale, sowie der nördliche Part der Europäischen Union sich zunehmend auf die Erzeugnisse von Milch und Rindfleisch spezialisiert hat.
In Frankreich, dem größten Agrarproduzenten der EU, steht der Anbau von Getreide, ähnlich wie in den zentralen osteuropäischen Staaten, an erster Stelle, da sowohl genügend Platz, als auch gute Böden und ideale Klimabedingungen, in mehreren Regionen vorhanden sind[27]. Die Tabelle auf Abbildung 9 zeigt als Abschluss dieses Kapitels alle 3 dominierenden landschaftlichen Erzeugnisse der einzelnen Mitgliedsländer, gemessen an ihrem jeweiligen Verkaufswert auf. Bemerkenswert sei hierbei noch anzumerken, dass die Milcherzeugung innerhalb der EU überwiegt, gefolgt von der Schweine - und Getreideproduktion. Somit gilt das europäische

---

[27] Klohn 2007, S.7f.

Staatenbündnis mit knapp 150 Tonnen, als weltweit größter Milcherzeuger, gefolgt von den USA mit 58 Millionen Tonnen[28].

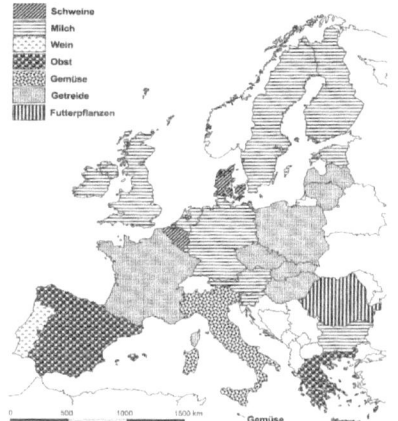

Abb.8.: Das dominierende Agrarprodukt in den Staaten der EU –27.
Quelle: Klohn; Windhorst: Die Landwirtschaft in der Europäischen Union. Vechta 2009. S.56.

	Wichtigste Agrarprodukte nach ihrem Rang		
	1. Rang	2. Rang	3. Rang
Belgien	Schweine	Rinder	Milch
Bulgarien	Milch	Getreide	Gemüse
Dänemark	Schweine	Getreide	Milch
Deutschland	Milch	Getreide	Schweine
Estland	Milch	Getreide	Schweine
Finnland	Milch	Getreide	Futterpflanzen
Frankreich	Getreide	Wein	Rinder
Griechenland	Obst	Gemüse	Getreide
Irland	Milch	Rinder	Futterpflanzen
Italien	Gemüse	Obst	Milch
Lettland	Getreide	Milch	Futterpflanzen
Litauen	Getreide	Milch	Schweine
Luxemburg	Milch	Rinder	Wein
Malta	Gemüse	Milch	Schweine
Niederlande	Milch	Gemüse	Schweine
Österreich	Milch	Getreide	Rinder
Polen	Getreide	Milch	Schweine
Portugal	Wein	Gemüse	Milch
Rumänien	Futterpflanzen	Gemüse	Getreide
Schweden	Milch	Getreide	Futterpflanzen
Slowakei	Getreide	Milch	Schweine
Slowenien	Milch	Rinder	Futterpflanzen
Spanien	Obst	Gemüse	Schweine
Tschechien	Getreide	Milch	Schweine
Ungarn	Getreide	Schweine	Geflügel
Vereinig. Königreich	Milch	Rinder	Getreide
Zypern	Obst	Schweine*	Schweine*
EU-27	Milch	Getreide	Schweine

Abb.9.: Wichtigste landwirtschaftliche Erzeugnisse nach ihrem Verkaufswert innerhalb der EU (2007).
Quelle: Klohn; Windhorst: Die Landwirtschaft in der Europäischen Union. Vechta 2009. S.58.

---

[28] Golter 2008, S.115.

4. Agrarpolitische Entwicklungen innerhalb der EU und deren Rolle auf den Weltagrarmärkten

Dieses Kapitel beschäftigt sich mit den agrarpolitischen Entwicklungen der Europäischen Union. Hierbei werden unter anderem die EU – Marktverordnungen vorgestellt, die Beschlüsse der Welthandelsorganisation (WTO) beleuchtet und eine Einschätzung über zukünftige Entwicklungen der europäischen Landwirtschaft auf den Weltmärkten abgegeben.

4.1. Die EU – Marktordnungen

Ein fester Bestandteil der europäischen Agrarpolitik der EU und ebenfalls bereits der vorausgehenden EWG waren und sind die Marktordnungsgesetze, die für mehrere Produkte, beispielsweise Milch und Getreide, verabschiedet wurden[29]. Die hohen Verkaufspreise die den Produkten auferlegt und zugestanden wurden, garantierten den Erzeugern recht vorhersehbare Gewinne, da ihnen das normalerweise bestehende Risiko von Seiten des Staates weitgehend abgenommen wurde. In den durch Marktordnungen geregelten Sektoren kam es, aufgrund der gegebenen Anreize an die Bauern und Betriebsleiter, daher recht schnell zu Überproduktionen[30]. Diese Überschussware musste daraufhin subventioniert auf den Weltmärkten verkauft werden.
Weitere Regelungen betreffen Einfuhrbeschränkungen und Schutzzölle zum Wohle der einheimischen Produzenten. In anderen Bereichen, wie beispielsweise innerhalb der Eier -, Geflügel – und Schweinefleischproduktion, wurden keinerlei Garantien bezüglich der Abnahme zu Mindestpreisen von Regierungsseite aus erlassen und Überproduktionen somit verhindert. In den betroffenen Sektoren drohte allerdings beim Auftreten von Überproduktionen lange Zeit, dass die Marktverordnungsausgaben das finanzielle Potenzial der Europäischen Union überschreiten könnten. Um die Herstellungsmengen zu verringern, wurden unterschiedlichste Maßnahmen, wie zum Beispiel die Milchquotenregelung von 1984, ergriffen[31]. Dieser Aspekt sollte, auch mit Hinblick darauf, dass die Milchproduktion das mit Abstand dominierende deutsche Agrarprodukt darstellt und zudem, wie

---

[29] Klohn 2007, S.8.
[30] Klohn 2007, S.11.
[31] Klohn 2007, S.11.

bereits erwähnt, 29% der Weltmilcherzeugung auf der Landfläche der europäischen Union hervorgebracht werden[32], für einen Augenblick unsere Aufmerksamkeit verdienen.
Die Preiserhöhungen, die in den 70er Jahren stattfanden, führten zu einer Produktionsschwemme, so dass sich zu Beginn des folgenden Jahrzehnts, Magermilchpulverbestände von 1 Million Tonnen sowie Butterbestände von 1,4 Millionen Tonnen gebildet hatten. Die notwendigen Investitionen zur Stützung des Milchsektors betrugen knapp 1/3 der gesamten Marktordnungsausgaben der Europäischen Gemeinschaft[33]. Durch die Milchquotenregelung, auch Garantiemengenregelung genannt, sollte die Produktion dem jeweiligen Stand der Nachfrage angepasst und eine zukünftige Überproduktion verhindert werden. Hierbei wurde jedem Mitgliedstaat eine feste Produktionsquote für Milch zugeteilt. In Deutschland wurde diese Quote auf die einzelnen Milch herstellenden Betriebe verteilt, so dass die Quoten bis heute einzelbetrieblich verwaltet werden können. Liefert ein Erzeuger nun mehr Milch als er über Quoten verfügt, wird er seit 1990 über eine staatliche Abgabenzahlung sanktioniert[34].
Die Gebühr ist so hoch festgelegt, dass die Milchproduktion ökonomisch unrentabel sein soll. Auch momentan liegt die Produktion innerhalb der EU noch 10% über dem eigentlichen Bedarf. Auf Abbildung 10 ist diese Situation verankert, indem die Menge der Milchprodukte, den Zahlenwert auf der Verbraucherseite, in allen 5 Beispielen überschreitet.

Erzeugnis	Erzeugung	Verbrauch
Butter	2.065	1.959
Käse	9.243	8.723
Magermilchpulver	1.090	870
Vollmilchpulver	775	395
Kondensmilch	1.140	913

Abb.10.: Erzeugung und Verbrauch von ausgewählten Milchprodukten in der EU (2007), Angaben in 1000t.
Quelle: ZMP – Marktbilanz: Milch 2008, S.86.

---

[32] Golter 2008, S.115.
[33] Golter 2008, S.112.
[34] Golter 2008, S.113ff.

Bis 2015 werden die vorgegebenen Quoten dennoch nach und nach erhöht, um den
Milchbauern die Möglichkeit einzuräumen ihre Betriebe zu vergrößern und dadurch
zukünftig auf den internationalen Märkten konkurrenzfähig zu sein. Diese
Quotenerhöhungen haben allerdings den Nachteil, dass sie zu weiteren
Überangeboten an Milchprodukten und gleichzeitig zum Preisverfall führen,
woraufhin sich aktuell vor allem viele kleinere Unternehmen in finanzieller Not
befinden[35].

Dies zeigt nur ein Beispiel an politischen Veränderungen innerhalb des primären
Sektors. So wurden 1992 weitere Reformen und Beschlüsse von der EU eingeleitet.
Die einzelnen Landwirte sollten entgegen ihrer traditionellen Verhaltensweise,
neuerdings nicht mehr ihr Einkommen ausschließlich durch hohe Produktpreise
sichern, sondern größtenteils über Direktzahlungen. Entstehende Verluste aufgrund
der Preisabnahme, wurden durch staatliche Subventionszahlungen beglichen. Im
Verlauf der Agenda 2000, dem umfassenden Aktions- und Reformprogramm der
Europäischen Union, das im Hinblick auf die bevorstehende Osterweiterung erlassen
wurde, kam es zu weiteren Senkungen der Erzeugerpreise, wobei die erneuten
Verluste nicht mehr vollständig durch Zahlungen ausgeglichen wurden. Die jüngste
Epoche der landwirtschaftlichen Politikbeschlüsse ist grundlegend von den Reformen
aus dem Jahr 2003 geprägt. Neben zusätzlichen Preisniveausenkungen wurden
weitere neue Beschlüsse hinzugefügt.

Zum Beispiel sind die staatlichen Direktzahlungen an die Landwirte mittlerweile nicht
mehr von deren Produktionsmenge abhängig, sondern beinhalten einen Festbetrag.
Da der landwirtschaftliche Sektor in Bezug auf die gesamte Wirtschaft immer
zunehmender an Bedeutung verliert, fällt es der Politik schwer, den Wohlstand, sowie
die Stabilität der ländlichen Räume aufrecht zu erhalten.

Die EU hat für sich und die jeweiligen Regierungen der einzelnen Mitgliedsstaaten
spezielle Programme entworfen, die der Entwicklung der ländlichen Regionen dienen
sollen. Gleichzeitig werden im Gegenzug zu diesen Investitionen, die
Subventionszahlungen an die einzelnen Landwirte immer weiter zurückgefahren, was
für diese Bevölkerungsgruppe teilweise enorme finanzielle Verluste bedeutet. Sie
sind dadurch gezwungen, sich den herrschenden Weltmarktpreisen zumindest

---

[35] Klohn und Windhorst 2009, S.60.

anzunähern[36]. Die nun bereits ausgeführten und weiteren zukünftigen Umschichtungen innerhalb den europäischen Agrarinvestitionen von politischer Seite, werden auf Abbildung 11 anhand eines Balkendiagrammes dargestellt. Wie beschrieben, ist auch auf diesem Schaubild der Rückgang der Direktzahlungen sowie der Marktstützungszahlungen zu erkennen, wohingegen die Investitionen in die allgemeine ländliche Entwicklung der europäischen Räume erweitert wird.

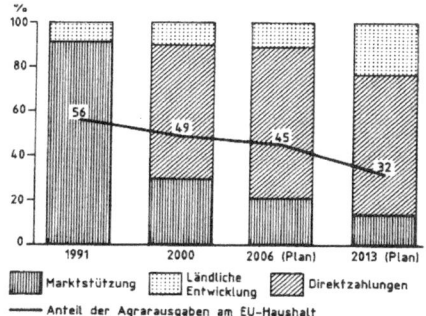

Abb.11.: Entwicklung und Umschichtung der EU – Agrarausgaben (1991 – 2013).
Quelle: Klohn: Die Landwirtschaft in der Europäischen Union. In Praxis Geographie. Landwirtschaft in der EU. Heft 2. 37. Jahrgang. Februar 2007. S.9.

4.2. Die Beschlüsse der Welthandelsorganisation (WTO) und die damit verbundenen Auswirkungen auf die EU

Die Welthandelsorganisation ist eine internationale Vereinigung von mittlerweile 151 Mitgliedsstaaten, die sich mit der Regelung der weltwoiten Handels - und Wirtschaftsbeziehungen beschäftigt. Sie wurde 1995 gegründet und ist die Nachfolgeorganisation des GATT, dem Allgemeinen Zoll – und Handelsabkommen, mit erweiterter Zielsetzung. Gleichzeitig ist sie als eine eigenständige Organisation im System der Vereinten Nationen zu klassifizieren.
Die Aufgaben der WTO liegen in erster Linie im Abbau von Handelshemmnissen aller Art, um so den internationalen Handel fördern und weitgehend liberalisieren zu können[37]. Die Landwirtschaft wurde erstmals während der Welthandelsrunde in Uruguay, der sogenannten Uruguay – Runde, von der GATT in den Fokus gestellt. Hierbei wurde veranlasst, dass interne Subventionszahlungen, die in die Agrarbrache

---
[36] Klohn 2007, S.8f.
[37] www.bundesregierung.de (Zugriff: 17.3.2010).

fließen, verringert werden sollen. Die EU schraubte diese Ausgaben zwischen 1995 – 2001 um 20% zurück und war zudem gezwungen, die Exportsubventionen sogar um 30% einzustellen. Diese und weitere eingeleiteten Prozesse zur Handelsliberalisierung wurden in den folgenden Verhandlungstreffen weiterhin vorangetrieben. Da die Interessen der jeweiligen Mitgliedsstaaten zum Teil von grundlegenden Unterschieden geprägt sind, gestalten sich gemeinsame Beschlüsse als äußerst langwieriger und überaus schwer umzusetzender Vorgang.

Die USA forderte beispielsweise eine nahezu vollständige Liberalisierung der Weltmärkte, sowie den Abbau von Schutzzöllen und ähnlichen Exporthindernissen, um sich den Zugang zu Schwellen – und Entwicklungsstaaten zu erleichtern. Diese völlige Freiheit des landwirtschaftlichen Handels lehnte die EU wiederum ab und plädierte ihrerseits für die Beibehaltung ihrer bisherigen Politik, vor allem im Aspekt des eigenen Außenschutzes, der die Einflussnahme außereuropäischer Exporteure vermindern soll.

Im Jahr 2007 wurden die Verhandlungen rund um die Doha – Runde, auf Grund fehlender Ergebnisse und Einigungen, abgebrochen. Mehrheitlich sind die Vertreter allerdings der Auffassung, dass eine zunehmende Liberalisierung der Weltmärkte stattfinden muss. Aufgrund dieser Erkenntnis ist davon auszugehen, dass die europäischen Unionsmitglieder zukünftig ihre direkten Subventionszahlungen noch weiter zurückfahren müssen. Zudem beschloss die WTO am Ende des Jahres 2005, die staatlichen Exportzuschüsse bis spätestens 2013 völlig zu unterlassen[38].

4.3. Die Zukunft der europäischen Landwirtschaft auf den globalen Märkten

Durch das angesprochene Ausbleiben der Exportsubventionen sind die Agrarproduzenten der Europäischen Union gezwungen, ihre Überschussware zu meist niederen Weltmarktpreisen zu verkaufen.

Zusätzlich gelangen, durch den kontinuierlichen Zollabbau, ausländische Erzeugnisse mehr und mehr auf den europäischen Markt. Für den hierzulande marktführenden Milchsektor werden sich Massenprodukte, wie Butter oder Magermilchpulver, international kaum noch gewinnbringend absetzen lassen, da die bisher veranschlagten Preise immer weniger Bestand haben. Identisches Anpassen ans Preisniveau der Weltmärkte ist von europäischer Seite meist unmöglich, da die

---

[38] Klohn 2007, S.11.

Kosten, die während des Produktions- und Verarbeitungsprozesses entstehen, um einiges höher ausfallen, als es zum Beispiel in Schwellen - oder auch in Entwicklungsländern der Fall ist. Zukünftig ist zu erwarten, dass die Milchquote vollständig abgeschafft wird, die Preise immer weiter fallen und folglich ein rascher Strukturwandel im landwirtschaftlichen Bereich einsetzen wird. Die Expansion von Betrieben sollte, aufgrund der nicht mehr vorhandenen Quotenkosten, voraussichtlich billiger und dadurch schneller ablaufen als es aktuell der Fall ist. Diese Großkonzerne können sicherlich von der Entwicklung profitieren, während vor allem Kleinbetriebe und produktionsschwächere Standorte aufgegeben werden müssen, was am Beispiel Deutschlands bereits zu erkennen ist[39].

Die durchschnittlichen Betriebsgrößen verdoppelten sich im Laufe der letzten 3 Jahrzehnte, während die Anzahl der Einzelunternehmen, zumindest in den alten Bundesländern, um mehr als die Hälfte zurückging[40]. Vor allem Neuseeland hat bereits vom eintretenden Rückzug der EU bezüglich der Milcherzeugung enorm profitiert. Weiterhin wird zu erwarten sein, dass die europäischen Vertreter insgesamt weitere Anteile am Weltmarkt verlieren werden. Ein Vorteil, den die europäischen Landwirte zukünftig noch verstärkter ausspielen müssen, ist der Qualitätsunterschied ihrer Produkte gegenüber den Erzeugnissen der meisten Konkurrenten. Auch die weltweiten Qualitätssicherungsversuche sind noch nicht auf einem einheitlichen Niveau angelangt.

Innerhalb der Europäischen Union sind weitaus mehr Auflagen und Anforderungen zur Lebensmittelsicherheit gültig, als in anderen Staaten der Erde. Somit werden zwar die Produktionskosten auch in diesem Aspekt nach oben getrieben, doch kann dafür mit besserer Qualität und höherer Sicherheit geworben werden. Verstöße gegen solche Verordnungen, die Länder wie beispielsweise China, die zwar ebenfalls einem Regelwerk unterworfen sind, in der Praxis dieses aber oftmals nicht einzuhalten pflegen, ausüben, sollten zukünftig im eigenen Interesse publik gemacht werden. Auch muss die landwirtschaftliche Lobby darin bestrebt sein, die Verbraucher für solche Missstände und Qualitätsunterschiede zu sensibilisieren, um diese dazu zu veranlassen, ihre zukünftigen Lebensmitteleinkäufe jenen Kriterien zu unterwerfen[41].

---

[39] Klohn 2007, S.11f.
[40] Köhne 2008, S.129f.
[41] Köhne 2008, S.157.

5. Nachwort

Nun hatten wir die Möglichkeit uns einen Überblick bezüglich der ländlichen europäischen Raumstruktur, sowie den ablaufenden Prozessen und Entwicklungen innerhalb des primären Sektors zu verschaffen.
Auffällig ist zweifelsohne, dass die landwirtschaftliche Bedeutung für ein Land, zwischen den einzelnen EU – Staaten teilweise stark variiert. Insbesondere nimmt der Agrarbereich bei den Vertretern Osteuropas, im Gegensatz zu den westlichen Industrienationen, einen höheren Stellenwert ein. Fest steht zudem, dass die Landwirtschaft, aufgrund der neuen globalen Gesetzgebung, einen voranschreitenden Strukturwandel erfährt, bei dem es auch weiterhin, wie bereits dargestellt, nicht nur Gewinner, sondern auch viele Verlierer geben wird. Um die einleitende Frage, nach dem immer geringer werdenden Stellenwert der Landwirtschaft in Bezug auf die westlichen Staaten erneut aufzugreifen, muss trotz des offensichtlichen Rückschritts des Agrarsektors, was Gewinne und Arbeitsplätze betrifft, erkannt werden, dass dieser Bereich in keiner Weise unterschätzt oder vernachlässigt werden darf.
Denn, wie oftmals nicht bedacht, hängt der wirtschaftliche Wert eines Sektors nicht ausschließlich vom Anteil an der gesamten Bruttowertschöpfung einer Gesellschaft ab. Zwar ist sie daran, um am Beispiel Deutschland zu verweilen, nur mit 1% beteiligt, doch andere Bereiche, wie das Textilgewerbe, schneiden separat betrachtet sogar weitaus schlechter ab.
Zusätzlich darf nicht vergessen werden, dass die Landwirtschaft ein überaus wichtiger Kunde für verschiedenste Zulieferungsbetriebe darstellt. So sichern die Landwirte, beziehungsweise ihre Erzeugnisse, in vielen wirtschaftlichen Bereichen indirekt eine Vielzahl an Arbeitsplätzen. Des weiteren darf auf die häufig erhöhte Qualität der heimischen Produkte gegenüber ihren konkurrierenden ausländischen Anbietern verwiesen werden, auf deren Gebrauch sicherlich große Teile unserer Bevölkerung nicht verzichten wollen. Ebenso erfreuen wir uns doch immer wieder am landwirtschaftlich geprägten Naturbild, dessen Erhaltung und Pflege, vor allem der primäre Sektor gewährleistet[42]. Diese genanten Aspekte finden sich natürlich in keiner wirtschaftlichen Berechnung oder Statistik wieder, dennoch sind sie real vorhanden und ihre Bedeutung ist nicht zu unterschätzen. Abschließend ist zu

---

[42] Golter 2008, S.123.

vermerken, dass die Politik den landwirtschaftlichen Bereich nicht vernachlässigen darf, die einzelnen Forderungen der jeweiligen Landwirte ernst nehmen und versuchen muss, mit ihnen gemeinsam Lösungsansätze für aktuelle Problematiken zu entwicklen. Ebenso wenig darf die EU als Gemeinschaft, meiner Meinung nach zu urteilen, ihren Schutz zur Bewahrung und Stärkung des eigenen Marktes nie völlig aufgeben und muss sich stattdessen gegenüber konkurrierenden Vertretern der WTO zukünftig weiterhin behaupten.

6. Literaturverzeichnis

Gebhardt, Hans; Glaser, Rüdiger; Radtke, Ulrike; Reuber, Paul: Geographie. Physische Geographie und Humangeographie. Heidelberg 2007.

Golter, Friedrich: Der lange Weg zum freien Markt. Der Wandel auf den Agrarmärkten. In: Landwirtschaft im Umbruch. Agrarpolitik, Markt, Strukturen und Finanzierung seit den siebziger Jahren. Stuttgart (Hohenheim) 2008. S.69- 128.

Grabski – Kieron, Ulrike: Geographie und Planung ländlicher Räume in Mitteleuropa. In: Geographie. Physische Geographie und Humangeographie. Heidelberg 2007. S.602- 615.

Henkel, Gerhard: Der ländliche Raum. Stuttgart 2004.

Köhne, Manfred: Die große Zeit des Wandels. Entwicklung der Organisationsstrukturen in der Landwirtschaft und deren Umfeld. In: Landwirtschaft im Umbruch. Agrarpolitik, Markt, Strukturen und Finanzierung seit den siebziger Jahren. Stuttgart (Hohenheim) 2008. S.129- 178.

Latten, Reiner: Vorwort. In: Zukunftsfähige Landwirtschaft. Integrierter Landbau in Deutschland und Europa. Bonn 1998. S.3- 4.

Lütke – Entrup, Norbert; Onnen, Ortrud; Teichgräber, Britta: Zukunftsfähige Landwirtschaft. Integrierter Landbau in Deutschland und Europa. Studie zur Entwicklung und den Perspektiven.

Klohn, Werner: Die Landwirtschaft in der Europäischen Union. In: Praxis Geographie. Landwirtschaft in der EU. Heft 2. 37. Jahrgang. Februar 2007. S.4- 9.

Klohn, Werner: Die EU, die WTO und die Weltagrarmärkte. In: Praxis Geographie. Landwirtschaft in der EU. Heft 2. 37. Jahrgang. Februar 2007. S.10- 12.

Klohn, Werner und Windhorst, Hans- Wilhelm: Die Landwirtschaft in der Europäischen Union. Vechta 2009. S.17.

Mose, Ingo: Ländliche Räume. In: Akademie für Raumforschung und Landesplanung. Hannover 2005. S. 573- 579.

Müller, Helmut. M.: Schlaglichter der deutschen Geschichte. Bonn 2009.

Specht, Edith: Der Beginn der Agrarwirtschaft. In:Agrarrevolutionen. Verhältnisse in der Landwirtschaft vom Neolithikum zur Globalisierung. Wien 2008. S.41- 52.

Scholz, Ulrich: Strukturen und Probleme der ländlichen Räume in den Tropen. In: Geographie. Physische Geographie und Humangeographie. Heidelberg 2007. S.615- 629.

Quellen aus dem Internet:

www.bundesregierung.de (Zugriff: 17.3.2010).

BEI GRIN MACHT SICH IHR WISSEN BEZAHLT

- Wir veröffentlichen Ihre Hausarbeit, Bachelor- und Masterarbeit

- Ihr eigenes eBook und Buch - weltweit in allen wichtigen Shops

- Verdienen Sie an jedem Verkauf

Jetzt bei www.GRIN.com hochladen und kostenlos publizieren